Wann werden Heuschrecken zur Plage?

Wie schnell ist
eine Lawine?

Was ist ein Sandsturm?

Wie wandert
eine Wanderdüne?

Was ist eine Sturmflut?

Kann es an Nordsee oder Ostsee einen Tsunami geben?

Wie gefährlich ist
ein Meteorit?

Was ist ein Blizzard?

Wie groß kann
ein Hagelkorn werden?

Wie kommt es
zu einem Erdrutsch?

Impressum

Band 25 der Reihe
„Was Kinder wissen wollen“
Velber Verlag

Illustrationen: Detlef Kersten
Coverfoto: Dieter Gerhard / mauritius images
Fotos: Dieter Gerhard / mauritius images (15), Photo Resource / mauritius images (21), Jim Reed / Photo Researchers, Inc. (43); William W. Bacon III / Photo Researchers, Inc. (29); FAO / G. Diana (27); NASA (39 o.), www.istockphoto.com (7, 9, 11, 13, 17, 19, 23, 25, 31, 33, 35, 37, 39, 39 u., 41, 45)

Text und Redaktion: Ulrike Berger
Layoutentwurf: Christoph von Herrath
Layout: Anja Schmidt
Repro: Baun PrePress, Fellbach
Druck: Proost, Belgien

ISBN 978-3-86613-534-5

Warum wirbelt der Wirbelsturm?

Verblüffende Antworten über Naturkatastrophen

velber

Warum bebt die Erde?

Unsere Erde ist keine harte Kugel aus Stein. Denn ganz im Inneren unserer Erdkugel ist es so heiß, dass dort alles flüssig ist. Darüber erst kommt festes Material – die Erdkruste. Diese Kruste ist wie ein riesengroßes Puzzle aus lauter kleinen Teilen aufgebaut. Auf diesen Puzzleteilen liegt der Meeresboden mit dem Wasser der Ozeane, aber auch die Kontinente mit den Bergen. Und diese Puzzleteile bewegen sich ganz langsam auf der Flüssigkeit im Erdinneren. Normalerweise bemerkst du nicht, wenn sich die Puzzleplatten unter uns bewegen.

Aber manchmal verhaken sie sich. Dann schiebt eine Platte so lange, bis sie sich mit einem Ruck lösen kann. Und schon rumpelt es ganz tief unter uns, es wackelt: Die Erde bebt!

Übrigens:
Dort, wo die Kanten dieser Puzzleteilchen sind, bebt die Erde häufiger. Wie zum Beispiel in Kalifornien, USA, oder am Kaiserstuhl in Südwestdeutschland.

Wie entsteht ein Waldbrand?

Waldbrände entstehen meist während Trockenzeiten. Die Pflanzen sind trocken, der Boden ist durch die Sonne aufgeheizt. Jetzt genügt ein kleiner Funke, und der Wald steht in Flammen. Durch den Wind breiten sich die Flammen rasch aus. Die meisten Waldbrände werden von Menschen selbst gelegt, absichtlich oder unabsichtlich. Eine weggeworfene Zigarettenkippe oder ein „wildes“ Lagerfeuer haben schon so manchen verheerenden Brand ausgelöst. Seltener entstehen Waldbrände durch einen Blitzeinschlag. Solange das Feuer nur am Boden schwelt, kann es noch leicht bekämpft werden. Greift es jedoch auf die Baumwipfel über, spricht man von „Wipfelfeuer“. Diese sind nur noch aus der Luft zu löschen. Hier kommen Löschflugzeuge zum Einsatz. Sie gießen das Wasser über dem Brand aus. Bei einem Totalbrand ist jeder Löschversuch erfolglos. Nur kräftiger Regen kann diesem Brand ein Ende bereiten.

Übrigens:
In manchen Gegenden, zum Beispiel in Australien, sind regelmäßige Waldbrände sehr wichtig. Manche Bäume, zum Beispiel Banksia, öffnen ihre Früchte erst nach einem Waldbrand. Die Samen fallen auf den verbrannten Boden, der durch die Asche gut gedüngt ist.

Wie schnell ist ein Orkan?

Windgeschwindigkeiten werden nach der Beaufort-Skala gemessen. Diese Skala wurde 1805 vom britischen Admiral Sir Francis Beaufort eingeführt. Ab Windstärke 12 wird ein Sturm als Orkan bezeichnet. Diese Windstärke bedeutet, dass der Wind mindestens 118 Kilometer pro Stunde schnell ist.
1956 wurde diese Skala erweitert, damit Orkane noch besser eingeteilt werden können. Jetzt gibt es Orkane in den Windstärken 12 bis 17. Windstärke 17 haben alle Orkane, die schneller als 202 Kilometer pro Stunde toben.
Der schnellste bisher gemessene Orkan hatte Windgeschwindigkeiten von 259 Kilometer pro Stunde. Das war der Orkan „Lothar“, der am 26. Dezember 1999 in Frankreich, der Schweiz und Süddeutschland wütete. Zum Vergleich: Der ICE 3 erreicht Höchstgeschwindigkeiten von 300 Kilometern pro Stunde.

Übrigens:
„Lothar“ ist auch aus einem anderen Grund berühmt: Der Wetterdienst hat ihn übersehen! Als die ersten Messergebnisse von starken Luftschwankungen beim Wetterdienst eintrafen, waren die Werte so seltsam, dass die Meteorologen sie für einen Messfehler hielten und daher nicht beachteten.

Wo schlägt der Blitz ein?

Täglich jagen weltweit zwischen 10 und 30 Millionen Blitze durch die Luft. Das sind über 100 Blitze in jeder Sekunde, verteilt über die ganze Erde. Die meisten Blitze springen von Wolke zu Wolke. Nur ein kleiner Teil – zehn Prozent aller Blitze – schlägt in den Boden ein.
Ein Blitz, der bis zur Erde durchschlägt, entscheidet sich erst auf den letzten hundert bis zehn Metern, welchen Weg er dabei einnehmen wird. Allein stehende Bäume werden häufiger getroffen als große Baumgruppen. In hohe Punkte zielt er lieber als in niedrige. Deswegen musst du auch schnell aus dem Schwimmbecken hinaus, wenn ein Gewitter tobt – dein Kopf ist höher als die Wasseroberfläche! Hohe Punkte sind aber nur „interessant" für den Blitz, wenn er dabei bis in die Erde schlagen kann. Ein Blitzableiter auf einer Turmspitze ist erst richtig angebracht, wenn er in die Erde reicht.

Übrigens:
„Eichen sollst du weichen, Buchen sollst du suchen." So sagt ein altes – und völlig falsches – Sprichwort. In welchen Baum der Blitz einschlägt, ist zufällig und hat nichts mit der Baumart zu tun!

Warum wirbelt der Wirbelsturm?

Zu den „Wirbelstürmen" gehören verschiedene Stürme. Es gibt zum einen die tropischen Wirbelstürme Hurrikan (Karibisches Meer), Taifun (Pazifik) und Zyklon (Indischer Ozean). Sie entstehen über warmen Meeren. Tornados hingegen bilden sich über dem Festland. Sie sind viel kleiner und kurzlebiger – aber nicht minder gefährlich. Gemeinsam haben diese Stürme, dass sie sich drehen.

Wir kommt es zu dieser Drehung? Wirbelstürme entstehen, wenn feuchte, warme Luft vom Boden aufsteigt. Durch die aufsteigenden Luftmassen entsteht über dem Boden ein Unterdruck, ein „Luftloch". Aus der Umgebung strömt warme Luft in dieses „Loch" nach. So bildet sich eine Art Kaminröhre, in der der Luftstrom nach oben strömt. Oben entstehen dicke schwarze Gewitterwolken aus der feuchten Luft. Was nun dazukommt, ist der sogenannte Coriolis-Effekt. Das ist eine Bewegung, die durch die Drehung der Erde entsteht. Sie bewirkt eine Reibung am Windkamin entlang – und versetzt ihn dadurch in eine Drehbewegung. Die Folge davon ist, dass die Luft im Sturmkamin nicht senkrecht nach oben steigt, sondern wie in einem Kreisel.

Warum bremst der Hurrikan an Land ab?

Von Juli bis September häufen sich in den Nachrichten die Berichte von Hurrikans, die sich über dem Karibischen Meer aufbauen. Treffen die Wirbelstürme auf die Küsten, richten sie dort große Schäden an. Bei ihrer Wanderung weiter landeinwärts werden sie immer schwächer. Nach einigen hundert Kilometern sind sie ganz abgeflaut. Warum bremsen sie an Land?

Damit ein Hurrikan entsteht, müssen bestimmte Regeln erfüllt sein. Das Wasser muss bis in eine Tiefe von mindestens 50 Metern sehr warm sein, mindestens 26 Grad (deswegen entstehen die meisten Hurrikans im Sommer zwischen Juli und September). Und die Luft muss feucht sein, was nur über warmen Meeren der Fall ist. Die feuchtwarme aufsteigende Luft schiebt den Wirbelsturm-Motor ständig weiter an. Nur so kann ein gefährlicher Wirbelsturm entstehen – und immer stärker werden, je länger er über diesen feuchtwarmen Meeren bleibt.

Dadurch wird auch klar, warum der Wirbelsturm über Land schwächer wird: An Land kühlt der Boden nachts immer unter 26 Grad ab. So wird dem Wirbelsturm nachts keine neue warme Luft zugeführt und der „Drehmotor“ wird langsamer. Sobald der Wirbelsturm also auf Land oder kühlere Meeresoberflächen trifft, verliert er an Kraft und flaut ab.

Wo leben Staubteufel?

Neben den großen Wirbelstürmen kann es auch kleine Luftwirbel geben, Staubteufel genannt. Sie können im Hochsommer bei großer Hitze entstehen, wenn die Sonne lange auf eine Stelle brennt. Dort heizt die Luft stark auf, steigt nach oben und gerät durch einen kleinen Windstoß in Drehung. Dabei wirbelt sie Staub, Sand oder Blätter in die Luft. Manche Staubteufel bleiben an einer Stelle stehen, andere bewegen sich im Schritttempo. Manche jagen auch mit Geschwindigkeiten von bis zu 100 Kilometern pro Stunde vorwärts. Bei uns in Mitteleuropa leben solche Staubteufel meist nicht länger als eine Minute und sind zwischen 0,5 Meter bis höchstens 50 Meter breit. In den Wüsten- und Halbwüstengegenden der Erde sind sie häufiger. Dort können sie auch deutlich größer sein und 30 Minuten und länger kreiseln.

Übrigens:
Das Wirbeln eines Staubteufels kommt – anders als beim Wirbelsturm – nicht durch den „Coriolis-Effekt“ zustande. Das Teufelchen ist viel zu klein, um davon beeinflusst zu werden. Das Gleiche gilt für den kleinen Abfluss in der Badewanne. Daher stimmt auch die Behauptung nicht, dass sich die Badewannen-Wirbel auf der Nordhalbkugel gegen den Uhrzeigersinn, auf der Südhalbkugel mit dem Uhrzeigersinn drehen. Das ist ganz zufällig, probiert es aus!

Wann bricht ein Vulkan aus?

Im Erdinneren ist es so heiß, dass das Gestein, aus dem das Innere besteht, flüssig ist. Dieses flüssige Gestein sammelt sich im Erdinneren über einige Zeit. An manchen Stellen steigt der Druck so weit an, dass es nur einen Weg gibt: nach oben. Die Schmelze, Magma genannt, steigt durch Risse oder Kanäle im Erdmantel in Magmakammern. Das sind große Hohlräume in fünf bis zehn Kilometern Tiefe unter einem Vulkan. Irgendwann beginnt das Magma dort wie beim Wasserkochen zu sprudeln. Es bricht aus den Kammern nach oben und stürmt als sogenannte Lava an die Oberfläche. Dabei entleert sich die ganze Magmakammer: Der Vulkan bricht aus! An manchen Stellen bricht das flüssige Gestein auch direkt vom Erdinneren an die Oberfläche – ohne die Zwischenstation einer Magmakammer. Den genauen Zeitpunkt eines Ausbruchs und die Heftigkeit wird man wohl auch in naher Zukunft nicht voraussagen können.

Übrigens:
Deutschland hat in der Vulkaneifel ein aktives Vulkangebiet. Der letzte Ausbruch ist erst zehntausend Jahre her – für Geologen also vor kurzer Zeit. Die Wahrscheinlichkeit, dass bald einer der schlummernden Schlote wieder ausbricht, ist aber ziemlich gering.

Warum gibt es Hochwasser?

Es gibt regelmäßige Hochwasser, zum Beispiel den höchsten Wasserstand beim Übergang zwischen Ebbe und Flut. Oder den hohen Wasserstand der Flüsse im Frühjahr, wenn durch die Schneeschmelze große Mengen an Wasser befördert werden müssen. Keines dieser „Hochwasser“ ist eine Katastrophe. Wenn das Wasser jedoch so hoch steigt, dass es die Ufer überflutet und Deiche zu brechen drohen, spricht man von Hochwasserkatastrophen. Wir Menschen sind selbst schuld daran, dass Hochwasser oft schlimme Folgen haben. Früher schlängelten sich Flüsse auf langen Wegen zum Meer. Kam es zu einem Hochwasser, wurde der Fluss breiter und überflutete das Gelände rechts und links. Da in der Nähe von hochwassergefährdeten Flüssen nicht gebaut wurde, kam kaum jemand zu Schaden. In den letzten Jahrhunderten wurden jedoch viele Flüsse begradigt. Dadurch können nun große Frachtschiffe darauf fahren und ihr Weg ist kürzer. Statt Umwege zu schlängeln, fließen die Flüsse deswegen heute auf geraden einbetonierten Wegen. Und die Häuser stehen direkt hinter dem Damm. Kommt es nun zu einem Hochwasser, werden die Flüsse zu tosenden Gewässern und drohen, mit ihrer Kraft die Deiche einzureißen. Mit katastrophalen Folgen für die Menschen, die hinter den Deichen wohnen.

Was bringen die Sandsäcke bei Hochwasser?

Sandsäcke bestehen aus Jute oder Kunststoff. Mit ihnen wird ein Damm dicker gemacht, höher gebaut oder ein neuer Damm angelegt. Wenn die Säcke nass werden, quillt der Sand auf. Dadurch wird der Sandsack-Damm schwerer und zusätzlich abgedichtet. Damit die Säcke dicht aufeinanderliegen und alle Unebenheiten ausgeglichen werden, sind Sandsäcke nur zu zwei Dritteln mit Sand gefüllt – außerdem kann man sie so leichter tragen. Ein voller Sandsack ist viel zu schwer! Selbst der nicht ganz gefüllte Sack wiegt noch 15 Kilogramm. Alle Säcke müssen von Hand an den Damm gebracht werden.

Denn meist können LKW nicht nahe genug an den Damm heran. Der Boden davor ist oft völlig aufgeweicht und für Fahrzeuge unpassierbar. Der Transport der Sandsäcke geschieht deswegen fast immer über eine Menschenkette.

Übrigens:
Nach dem Hochwasser müssen die nassen Säcke sorgfältig auf Mülldeponien entsorgt werden. Denn das Hochwasser reißt viel Dreck mit, der sich im Sand ablagert. Manche Säcke müssen sogar auf den Sondermüll, wenn im Wasser Ölreste oder Chemikalien waren.

Wann werden Heuschrecken zur Plage?

Unsere heimischen Heuschrecken, zum Beispiel das Grüne Heupferd oder der Grashüpfer, können zwar lästig sein. Zum Beispiel, wenn sie in der Wohnung herumhüpfen. Eine Plage sind sie aber noch lange nicht. Ganz anders dagegen in Nordafrika. Die afrikanische Wüstenheuschrecke lebt normalerweise als Einzelgänger. Diese kleinen grünen Tiere sehen unseren einheimischen Grashüpfern ähnlich. Im Gegensatz zu unseren Heuschrecken ist die afrikanische Heuschrecke jedoch in der Lage, mehrmals im Jahr bis zu 100 Eier zu legen. Sobald Regen fällt, der Boden feucht und locker ist und die Temperatur steigt, sehen die Nachkommen anders aus als ihre Eltern. Sie sind größer, haben eine gelb-braune Farbe und größere Flügel. Nach wenigen Monaten können sich so aus den kleinen Einzelgängern riesige Schwärme flugfähiger großer Wanderheuschrecken entwickeln. Zu Milliarden steigen sie in die Luft, verdunkeln den Himmel und lassen sich mit dem Wind treiben. Bis zu 300 Kilometer legen sie an einem Tag zurück und fressen auf dem Weg die Ernte ganzer Landstriche vollständig kahl. Die Folge sind große Hungersnöte.
Ein Ende ist erst in Sicht, wenn alles weggefressen ist oder der Wind die Tiere aufs Meer hinausbläst.

Wie schnell ist eine Lawine?

Es gibt verschiedene Arten von Lawinen. Die schnellsten Lawinen sind Lockerschneelawinen. Hierbei löst sich – zum Beispiel durch lautes Rufen oder einen Knall – eine kleine Menge Schnee an einer Stelle und reißt auf dem Weg immer mehr Schnee mit. Dabei breitet sich die Lawine wie ein Fächer aus. Lockerschneelawinen gleiten auf einem Luftpolster ins Tal und können bis zu 300 Kilometer pro Stunde schnell werden.

Fließlawinen entstehen meist im Frühling, wenn der Schnee matschig ist. Der weiche schwere Schnee bleibt nicht mehr liegen, sondern fließt als gewaltiger Strom den Berg hinunter.

Zwischen 70 und 140 Kilometer pro Stunde schnell kann eine solche nasse Lawine werden.

Schneebrettlawinen werden oft durch Skifahrer ausgelöst. Hierbei reißt eine zusammenhängende Schneedecke entlang einer scharf verlaufenden Kante ab und fließt auf dem darunterliegenden Schnee ins Tal. Schneebretter erreichen Geschwindigkeiten von 80 Kilometern pro Stunde.

Die meisten Lawinen sind jedoch Mischformen. So können Schneebrettlawinen zu Lockerschneelawinen werden und legen dabei an Tempo zu!

Was ist ein Sandsturm?

Ein Sandsturm ist ein sehr trockener und heißer Sturm, der große Mengen an Sand mit sich führt. Er kommt vor allem in Wüsten vor, wenn die Sonne lange auf ein bestimmtes Gebiet scheint. Der Boden dort heizt sich extrem auf und die aufsteigenden Winde entwickeln sich zu einem Sturm. Dieser Wind ist stark genug, um ganze Dünen zu bewegen und riesige Sandmengen mit sich zu tragen. Die große Menge an Sand führt dazu, dass sich während eines Sturms der Himmel total verdunkelt und man keinen Meter weit mehr sehen kann. Die Sandwolke kann sich dabei zu einer Wand aufbauen, die fast 1500 Meter hoch in den Himmel ragen kann.

Übrigens:
Der Wind weht den Sand aus der Wüste Sahara manchmal weit über den Atlantik hinweg bis in den Regenwald Südamerikas. Im Regenwald ist der Boden nährstoffarm, der viele Regen wäscht alles heraus. Der angeflogene Sand ist eine wichtige Nahrungsdusche. Die Pflanzen filtern die Nährstoffe des Sandes aus der Luft und dem Boden heraus. Ohne die Mineralien aus den Sandstürmen der Sahara könnte der Regenwald nicht leben.

Was ist eine Sturmflut?

Zweimal am Tag wechseln sich an den Meeresküsten Ebbe und Flut ab. Wie hoch das Wasser im Laufe der Flut steigt, ist von Küste zu Küste unterschiedlich. Zwischen Hoch- und Niedrigwasser kann an der Nordsee ein Unterschied von bis zu drei Metern bestehen. An der Ostsee sind es gerade einmal 30 Zentimeter. Die Küste mit dem höchsten „Tidehub" ist der Bay of Fundy, eine Bucht in Kanada am Golf von Maine: 14 bis 21 Meter Unterschied! Doch selbst diese riesigen Wassermassen sind noch lange keine Sturmflut.

Starke Winde, meist sind es richtige Orkanböen, können die Flutberge zusätzlich auftürmen. Erst wenn die Höhe der so entstandenen Flut mindestens 1,5 Meter über der sonst durchschnittlichen Fluthöhe liegt, spricht der Wetterdienst von einer Sturmflut. So lange die Deiche aber halten, muss selbst eine Sturmflut keine katastrophalen Folgen haben.

Wie wandert eine Wanderdüne?

Wenn Sanddünen wandern, kann nichts sie aufhalten. Sie begraben große Felder unter sich und machen auch vor Flüssen nicht Halt. In wenigen Tagen kann eine Düne einen ganzen Fluss verschlingen! Glücklicherweise gibt die Düne den Fluss nach einigen Wochen wieder frei. Doch für die Tiere in der Wüste kann das Verschwinden ihrer Wasserstelle tödlich sein. Denn sie können nicht so lange warten.

Genau genommen „wandern" Dünen nicht, sondern sie rollen langsam vorwärts. Auf der einen Seite bläst der Wind die Körner nach oben. Auf dieser Windseite ist der Sand fest aufgeschichtet. Hier ist die Düne so hart, dass Autos darauf fahren können. Auf der anderen Seite rutschen die Körner manchmal wie eine Lawine wieder nach unten. Der Sand auf dieser Seite ist so locker, dass selbst Kamele einsinken. So wird der Sand von der Vorderseite auf die Rückseite geblasen – die Düne wandert. Die großen Dünen der Sahara wandern mit einer Geschwindigkeit von 20 Metern im Jahr.

Übrigens:

Wanderdünen gibt es nicht nur in der Wüste. Die größte Wanderdüne Europas, die „Dune du Pyla", ist zurzeit ungefähr 117 Meter hoch. Sie befindet sich in Frankreich bei Arcachon und wandert pro Jahr zwischen einem und fünf Metern. Auch in Dänemark, Slowenien und Litauen gibt es Wanderdünen.

Wanderdüne in Marokko

Dune du Pyla, Frankreich

Kann es an Nordsee oder Ostsee einen Tsunami geben?

Tsunami entstehen durch Erdbeben am Grund des Ozeans, durch einen gewaltigen Erdrutsch oder durch einen Vulkanausbruch im Meer. Während bei Stürmen nur der obere Teil des Wassers bewegt wird, setzt sich bei einem Tsunami die gesamte Wassermenge – vom Grund des Meeres, wo die Erschütterung stattfand, bis zur Oberfläche – in Bewegung und rollt auf den Strand zu. Dabei kann das Wasser eine Geschwindigkeit von bis zu 800 Kilometern pro Stunde haben! Draußen auf dem Meer ist diese Bewegung kaum wahrzunehmen. In Küstennähe wird die Welle abgebremst und so stapeln sich die heranrollenden Wassermassen regelrecht übereinander. Dadurch kann ein Wellenberg entstehen, der 100 Meter und höher sein kann. Je steiler die Küste, desto höher türmt sich die Welle. An Nord- und Ostsee ist die Gefahr eines Tsunami gering. In diesem Gebiet gibt es kaum Erdbeben und keine bekannten Vulkane. Und selbst wenn es zu einem Tsunami kommen sollte, ist die Küste so flach, dass der Tsunami beim Hereinrollen auf diesem langen Weg einen Großteil seiner Kraft verlieren würde. Damit hätte er an der Küste nur noch die Wirkung einer Sturmflut.

Am 26. Dezember 2004 wurden durch den wohl bisher größten Tsunami in Südostasien über 200 000 Menschen getötet.

Wie gefährlich ist ein Meteorit?

Meteoriten sind feste Brocken, die aus dem Weltall kommen. Sie dringen durch die Atmosphäre und schlagen auf dem Erdboden ein. Mehrere Tausend Meteoriten erreichen uns täglich! Die meisten sind jedoch nur galaktische Staubkörnchen – kaum einen Millimeter groß. Jedes Jahr fallen weltweit ungefähr 20000 Meteoriten auf die Erde, die kaum größer als ein Kieselstein sind.
Wenn Meteoriten jedoch eine Größe von 500 Metern und mehr erreichen, kann ihr Einschlag eine Katastrophe auslösen. Ein Einschlag ins Meer könnte einen Riesentsunami auslösen. Ein Aufschlag auf dem Festland würde einen riesigen Krater schlagen. Durch die aufwirbelnde Staub- und Steinwolke würde weniger Sonnenlicht die Erde erreichen. Die Temperatur würde sinken und das Klima sich auf Jahre verändern.

Übrigens:
Rein statistisch findet ein solcher Einschlag alle 500 000 bis 10 Millionen Jahre statt. Selten bis nahezu unwahrscheinlich also. Dennoch gibt es Spuren dieser Einschläge. Vor zirka 65 Millionen Jahren schlug ein riesiger Meteorit im Golf von Mexiko ein. Der Einschlagkrater hat einen Durchmesser von 180 Kilometern! Die Klimaveränderungen durch diesen Einschlag werden von manchen Wissenschaftlern für das Aussterben der Dinosaurier verantwortlich gemacht.

Der Asteroid Jda ist 52 Kilometer lang.

Einschlagkrater in der Wüste Arizonas.

Was ist ein Blizzard?

Kalte Wetterfronten, die sich im Norden Europas bilden, werden durch die quer liegenden Alpen zunächst abgebremst. Deswegen kommt es in Südeuropa selten zu einem ganz plötzlichen Wintereinbruch. Ganz anders in Nordamerika. Dort gibt es keine quer verlaufenden Gebirge. Bricht im Norden des Landes eine Kälte herein, kann diese bei ungünstigen Windverhältnissen blitzartig bis weit nach Süden vordringen. Dort entsteht dann ein Blizzard, ein starker Schneesturm: plötzliche Temperaturstürze von herbstlichen Temperaturen bis Minus 12 Grad und tiefer, Windgeschwindigkeiten von über 50 Stundenkilometern und vor allem dichter Schneefall.

Blizzards sorgen für absolut chaotische Wetterverhältnisse. Es bilden sich in kurzer Zeit meterhohe Schneehaufen. Wer im Gelände von einem Blizzard überrascht wird, verliert durch die schlechten Sichtverhältnisse völlig die Orientierung.

Übrigens:
Das Wort „Blizzard“ leitet sich möglicherweise von dem deutschen Wort „blitzartig“ ab.

Am Morgen nach einem Blizzard in New York.

Wie groß kann ein Hagelkorn werden?

Hagelwolken sind ganz besonders hohe Gewitterwolken. Hagelkörner entstehen darin aus ganz normalen Regentropfen. Herrscht in diesen Wolken ein starker Aufwind, so werden die Regentropfen nach oben in die Wolke geschleudert. Dort gefrieren sie – sofern dort auch ein wenig Schmutz ist. Denn nur an winzigen Staubkörnchen, Pollen oder anderen Kleinteilchen kann sich ein Eiskristall bilden. Auf dem Weg nach oben frieren in der Wolke an diesen Eiswinzlingen weitere kalte Tropfen an. Wird das Kügelchen zu schwer, sinkt es in der Wolke wieder nach unten. Dabei lagert sich feuchte Luft an das Eisklümpchen. Durch starke Aufwinde wird das Klümpchen wieder zurück nach oben geworfen, die feuchte Luft friert fest, mehr Wasser lagert sich an … der Vorgang kann sich sehr oft wiederholen. So wächst das Hagelkorn immer weiter, bis es so schwer ist, dass es zu Boden fällt. Die meisten Körner sind dann zwischen einem und fünf Zentimetern groß. Sie können aber auch mehr als zehn Zentimeter Durchmesser haben – größer als ein Tennisball – und mehr als ein Kilogramm wiegen. Solche Hagelbomben erreichen Geschwindigkeiten von über 150 Kilometern in der Stunde, wenn sie auf die Erde fallen!

Wie kommt es zu einem Erdrutsch?

Bei einem Erdrutsch rutschen große Mengen Erde, Steine oder Geröll einen Hang hinunter. Die abrutschenden Massen erreichen dabei so hohe Geschwindigkeiten, dass sie manchmal am gegenüberliegenden Hang wie eine Welle „aufbranden" können. Wie kann es zu einem solchen Erdrutsch kommen? Nach starken Regenfällen oder wenn der Schnee schmilzt, ist die Erde am Berghang mit Wasser vollgesogen wie ein Schwamm. Die schwere obere Erdschicht kann sich nicht mehr halten und rutscht hinab ins Tal. Dabei reißt die abrutschende Erde wie eine Lawine alles mit, was ihr in den Weg kommt: Bäume, Häuser, Brücken und Masten. Je steiler ein Hang ist, desto größer die Gefahr eines solchen Erdrutsches.

Oft sind die Menschen aber mit schuld an einem Erdrutsch. Denn ein dichtes Wurzelnetzwerk hält die Erde auch an einem steilen Hang zusammen. Das Abholzen von Wäldern führt dazu, dass der Boden ungeschützt ist. Fehlt die Befestigung durch Wurzeln, kann die Erde leichter abgleiten.

Was Kinder wissen wollen

In der Reihe „Was Kinder wissen wollen“ sind bereits folgende Titel erschienen:

Was wäscht der Waschbär?
Verblüffende Antworten aus der Tierwelt
ISBN 978-3-89858-072-4

Woher kommen Blitz und Donner?
Verblüffende Antworten über Himmel und Erde
ISBN 978-3-86613-073-9

Warum haben wir zehn Zehen?
Verblüffende Antworten über den Körper
ISBN 978-3-86613-200-9

Wie kommen die Streifen in die Zahnpasta?
Verblüffende Antworten aus dem Alltag
ISBN 978-3-86613-201-6

Hatten Dinos Karies?
Verblüffende Antworten über die Saurier
ISBN 978-3-86613-239-9

Woher weiß der Toast, wann er fertig ist?
Verblüffende Antworten aus dem Alltag
ISBN 978-3-89858-240-7

Wie viele Höcker hat ein Kamel?
Verblüffende Antworten aus der Tierwelt
ISBN 978-3-89858-256-8

Wie spült die Klospülung?
Verblüffende Antworten aus der Technik
ISBN 978-3-89858-257-5

Können Schmetterlinge hören?
Verblüffende Antworten über kleine Tiere
ISBN 978-3-89858-227-8

Was spuckt ein Vulkan?
Verblüffende Antworten über Naturgewalten
ISBN 978-3-86613-228-3

Wo ist im Weltalll oben und unten?
Verblüffende Antworten über den Kosmos
ISBN 978-3-89858-237-7

Warum knallt die Knallerbse?
Verblüffende Antworten über Pflanzen
ISBN 978-3-89858-238-4

Wie kommt der Ritter in die Rüstung?
Verblüffende Antworten über das Mittelalter
ISBN 978-3-86613-270-2

Wie macht die Kuh die Milch?
Verblüffende Antworten über den Bauernhof
ISBN 978-3-89858-269-8

Können Fische rülpsen?
Verblüffende Antworten über das Meer
ISBN 978-3-86613-282-5

Warum hat ein Bagger Zähne?
Verblüffende Antworten über Baustellen
ISBN 978-3-86613-283-2

Warum stinkt der Käse?
Verblüffende Antworten über Essen und Trinken
ISBN 978-3-86613-293-1

Warum tragen Indianer Federn?
Verblüffende Antworten über Indianer
ISBN 978-3-86613-294-8

Wann ist der Ball im Tor?
Verblüffende Antworten über Fußball
ISBN 978-3-86613-506-2

Wo beginnt der Regenbogen?
Verblüffende Antworten über Himmel und Erde
ISBN 978-3-86613-507-9

Wie schnell ist die Feuerwehr?
Verblüffende Antworten über die Feuerwehr
ISBN 978-3-86613-523-9

Frieren Pinguine an den Füßen?
Verblüffende Antworten über Eis und Schnee
ISBN 978-3-86613-525-3

Wann darf der Lokführer aufs Klo?
Verblüffende Antworten über die Bahn
ISBN 978-3-86613-524-6